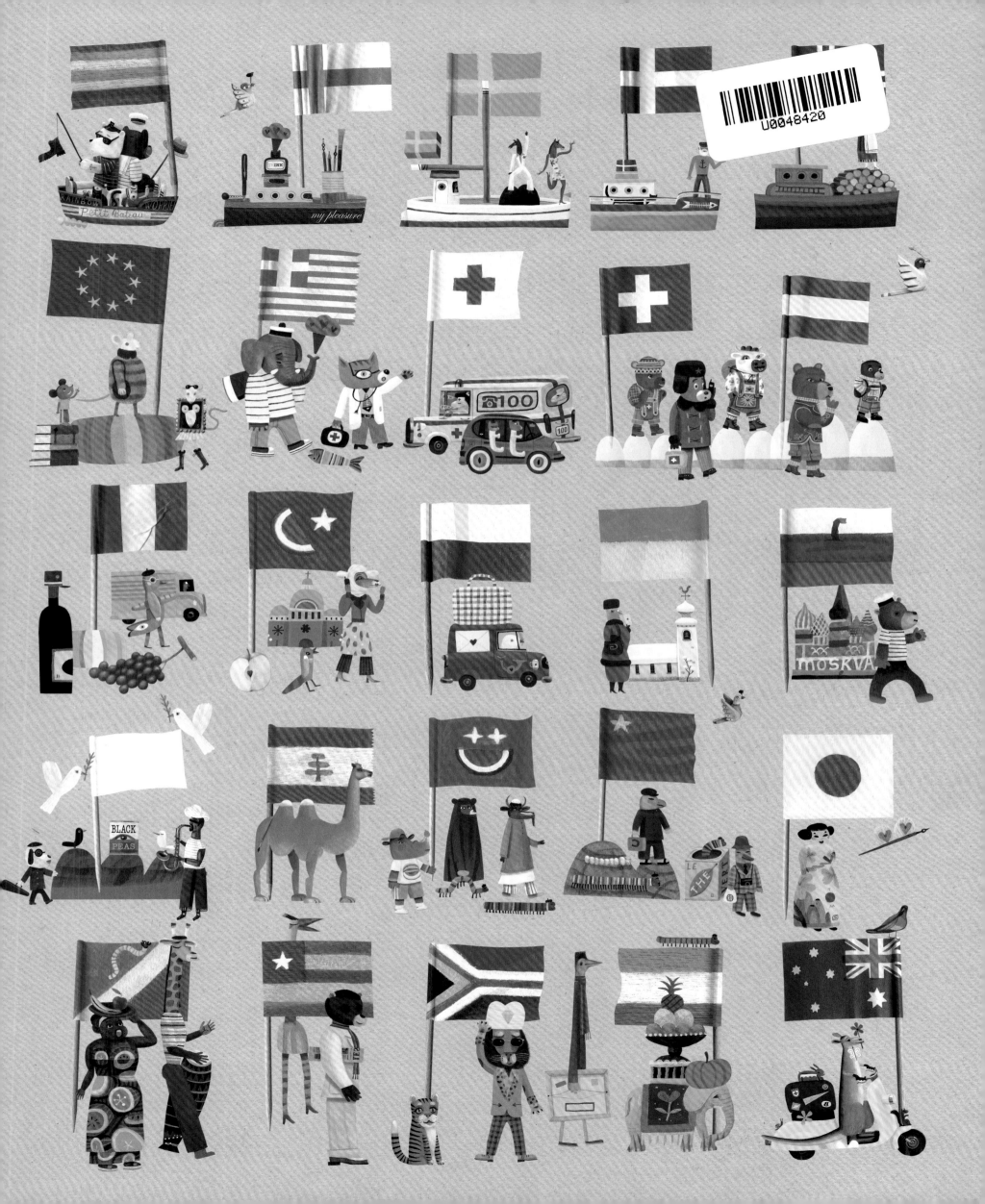

「獻給有時候也找不到說明書的好朋友。」

認識世界的第一本書
從天空到海底，超過4000組圖像與詞彙帶孩子探索世界
Het grootste en leukste beeldwoordenboek ter wereld

作者　　　湯姆・斯漢普（Tom Schamp）
翻譯　　　楊昕怡
責任編輯　謝惠怡
美術設計　郭家振
行銷企劃　廖巧穎

發行人　　何飛鵬
事業群總經理　李淑霞
社長　　　饒素芬
圖書主編　葉承享

出版　　　城邦文化事業股份有限公司 麥浩斯出版
E-mail　　cs@myhomelife.com.tw
地址　　　104 台北市中山區民生東路二段 141 號 6 樓
電話　　　02-2500-7578

發行　　　英屬蓋曼群島商家庭傳媒股份有限公司城邦分公司
地址　　　104 台北市中山區民生東路二段 141 號 6 樓
讀者服務專線　0800-020-299（09:30 ～ 12:00；13:30 ～ 17:00）
讀者服務傳真　02-2517-0999
讀者服務信箱　Email: csc@cite.com.tw
劃撥帳號　1983-3516
劃撥戶名　英屬蓋曼群島商家庭傳媒股份有限公司城邦分公司

香港發行　城邦（香港）出版集團有限公司
地址　　　香港灣仔駱克道 193 號東超商業中心 1 樓
電話　　　852-2508-6231
傳真　　　852-2578-9337

馬新發行　城邦（馬新）出版集團 Cite（M）Sdn. Bhd.
地址　　　41, Jalan Radin Anum, Bandar Baru Sri Petaling, 57000
　　　　　Kuala Lumpur, Malaysia.
電話　　　603-90578822
傳真　　　603-90576622

總經銷　　聯合發行股份有限公司
電話　　　02-29178022
傳真　　　02-29156275

製版印刷　凱林彩印股份有限公司
定價　　　新台幣 699 元／港幣 233 元
2022 年 11 月初版一刷・Printed In Taiwan
ISBN：978-986-408-862-1
版權所有・翻印必究（缺頁或破損請寄回更換）

© 2016, Lannoo Publishers. For the original edition.
Original title: Het grootste en leukste beeldwoordenboek ter wereld.
www.lannoo.com

© 2022, My House Publication, a division of Cite Publishing Ltd.
For the Complex Chinese edition.

國家圖書館出版品預行編目（CIP）資料

認識世界的第一本書：從天空到海底，超過4000組圖像與詞彙帶孩子探索世界/湯姆.斯
漢普（Tom Schamp）作；楊昕怡翻譯. -- 初版. -- 臺北市：城邦文化事業股份有限公司
麥浩斯出版：英屬蓋曼群島商家庭傳媒股份有限公司城邦分公司發行, 2022.11
　面；　公分
譯自：Het grootste en leukste beeldwoordenboek ter wereld.
ISBN 978-986-408-862-1[精裝]

1.CST: 育兒 2.CST: 繪本

428　　　　　　　　　　　　　　　　　　　　　111016414

認識世界的

HET
GROOTSTE
BEELDWOORDenBOEK

從天空到海底，
超過 4000 組圖像與詞彙
帶孩子探索世界

第一本書

◆作者 湯姆‧斯漢普 Tom Schamp◆　　◆翻譯 楊昕怡◆

我們來自我介紹

這位是爸爸

我是奧托

這位是媽媽

湯姆叔叔
是一位畫家

鮑里斯熊
經常打電話給國外

三隻鸚鵡

為你的日子增添色彩

狐狸教授
（朋友叫他小狐狸）
是個博學多聞的人

放大鏡

他們喜歡買東西

蓋
拉夫桑賈尼
幾乎無所不知

鼴鼠醫生
（暱稱小鼴鼠）
喜歡追根究底

勇敢向前的
黃色小鴨

臘腸狗

Good Copy
好警察

Bad Kepi
壞警察

柔順又體貼

偷懶又愛碎碎念

DINO
恐龍 3

GO

「可以幫我
簽名嗎？」

GO

RHINO
尾牛 2

air guitar

GINO
吉諾 1

GO

GO

哥倆好

這三位來自阿根廷的朋友要贏了

蠶絲路

法國郵政
（法語）

跟著五隻毛毛蟲出發！

四季披薩
Quattro Stagioni

FRUIT

家 對每個人的意義都不同

我們來看看房子裡有什麼。
但平常往屋子裡偷看是不禮貌的喔！

鳥屋

草屋

必勝披薩小屋

狗屋

狗欄

烤土司機

人類在世界各地
蓋房子

東 EAST
西 WEST
家裡 HOME
NEST 鳥巢

Warm Nest
溫暖的鳥巢

寶塔

燈塔守護員
住哪裡呢？

好鄰居 就是 好朋友

有些人會一個人住在一間房子裡。

鄰居女士

鄰居先生

HOTel Nino 旅館

BREAKFAST 早餐

公寓

有的人跟一群人住在一棟大樓裡。

閣樓

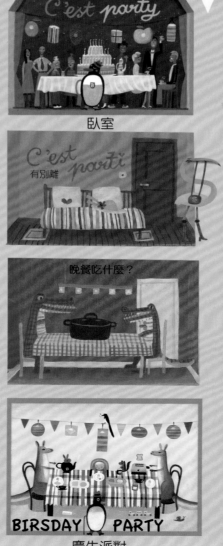

工作室

有派對
C'est party

臥室

Les REVES
夢想（法語）

C'est parti
有別離

辦公桌

客廳

晚餐吃什麼？

廚房

BIRSDAY PARTY
慶生派對

LIFE

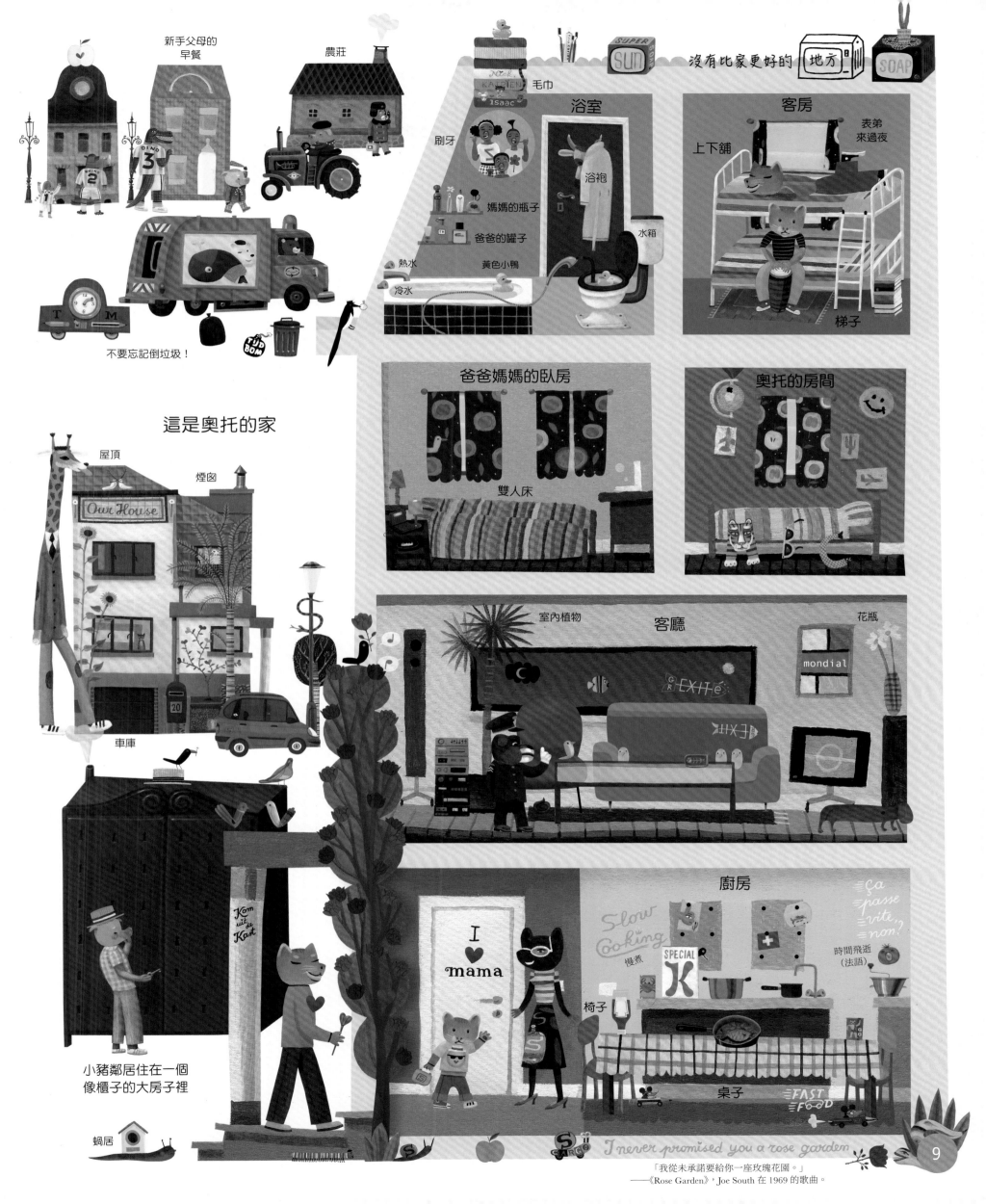

新手父母的
早餐

農莊

毛巾

浴室

客房

刷牙

上下舖

表弟
來過夜

浴袍

媽媽的瓶子

爸爸的罐子

水箱

熱水

黃色小鴨

冷水

梯子

不要忘記倒垃圾！

沒有比家更好的 地方

爸爸媽媽的臥房

奧托的房間

這是奧托的家

雙人床

屋頂

煙囪

室內植物

客廳

花瓶

車庫

廚房

小豬鄰居住在一個
像櫃子的大房子裡

慢煮

椅子

時間飛逝
（法語）

蝸居

桌子

「我從未承諾要給你一座玫瑰花園。」
——《Rose Garden》，Joe South 在 1969 的歌曲。

9

餐桌上有什麼好吃的？

早餐

吐司

TOSTADOS UNIDOS

世界上有兩種人：

1. 咖啡魔人

烤麵包機

一杯黑咖啡

咖啡壺

filters nr7

加點牛奶

加點糖

水壺

TIME

茶杯

茶碟

吹口哨水壺

奶盅

LE THE VERT

保溫瓶

2. 喝茶達人

馬克杯

I ♥ NY

切片土司

麵包刀

法國長棍麵包

梨子糖漿

Sirop de Liege

We're

Bonne Maman

Jammin'

果醬

蘋果

GOOD MORNING! 早安！

不要在喝橘子汁前刷牙

有兩種小孩：

1. 餅乾魔人

CHOCO

MLEKO

牛奶

全穀物麥片

這裡還有乳酪跟義大利香腸

BOX

但大多數的小朋友最愛吃巧克力醬

穀物脆片

SPECIAL OF DA HOUSE

吐司

SPECIAL K

giotto

2. 穀物脆片人

湯匙

碗

奶油

火腿

誰沒有把他的小車子整理好？

A A

AA 牛奶

奶瓶

BB Baby Boom 嬰兒潮

香蕉好吃，但要注意香蕉皮

10

我們想買東西！

店裡的人在做什麼呢？

有什麼好吃的食物？

POP UP SHOP 快閃店

購物車很好玩，但是有點難停車。

蘋果醬 & 罐頭食品

魚　　螃蟹　　白米

Uncle Ben's

豌豆　　番茄　　玉米

BLACK PEAS　Tomato　EXOTIC

蘋果　　梨子　　果醬　　餅乾

maternel　Sirop de Liège　Bonne Maman　Petit Beurre　BIO COOKIES

咖啡　　茶

filters　THE VERT

優格　　牛奶

YY OO　MLEKO

我忘記買番茄了！

SPECIAL K

其他客人買了什麼呢？

報紙

法國麵包　湯杯

OXO

糟糕！收銀台大排長龍。

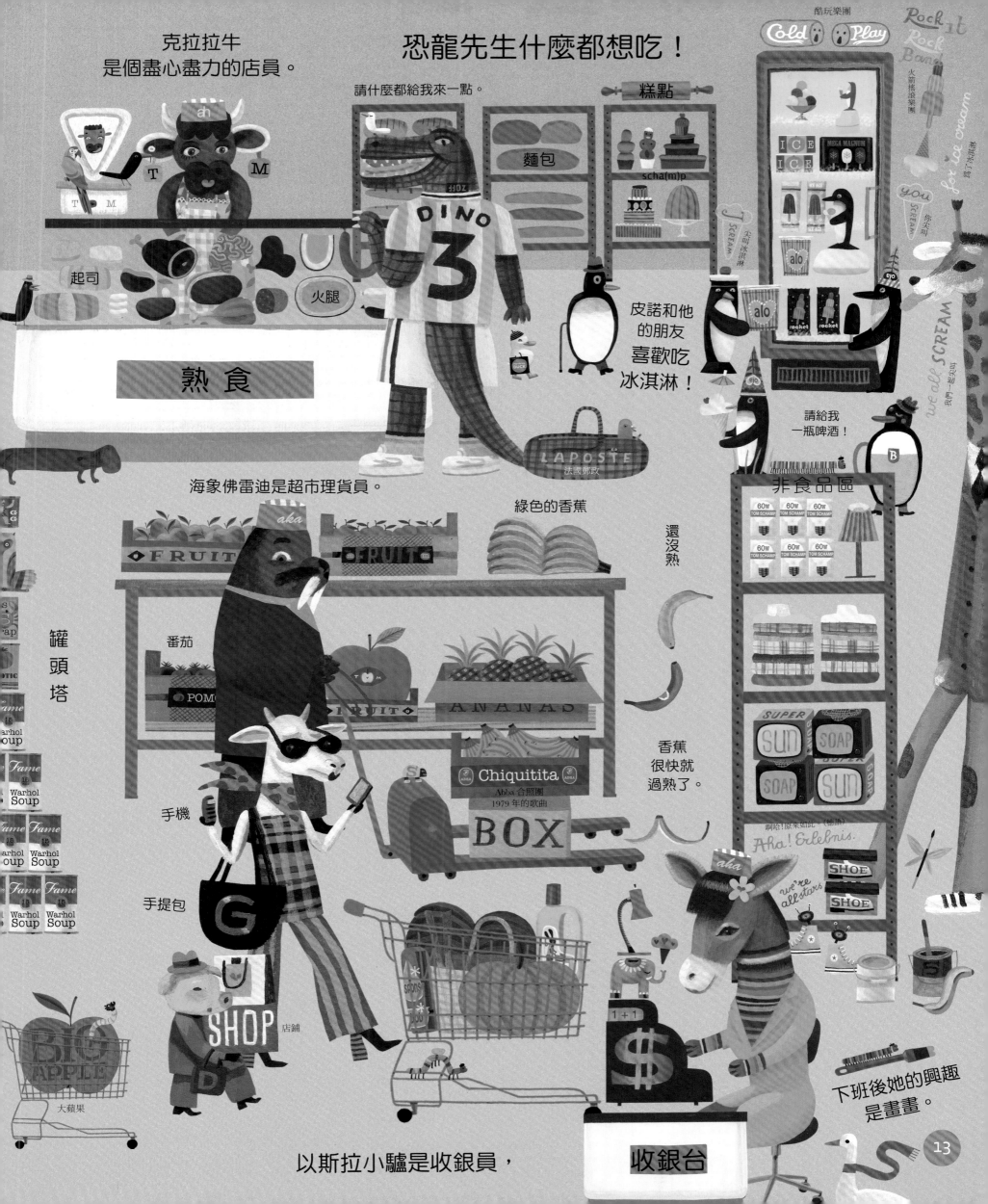

從 3 月 21 日

春天來了！

到 6 月 20 日

熊從冬眠中醒來

睡過頭了嗎？

Home

SHop

Quattro Stagioni
義大利
四季披薩

美麗的花園

湯姆叔叔住在這裡嗎？
不是，我只是訪客。

不管在哪裡，
只有家最好。
OOST,
WEST
THUIS
BEST

春天時，
樹上開滿花。

你必須耕種你
的花園。（伏
爾泰名言）
Il faut cultiver son jardin

植物

禁止闖入。

萬物生長、
百花齊放！

每株植物都有自己獨特的葉子。

無花果葉

蟋蟀

橡樹葉

竹葉
萬歲

BAN ZAI
（日文）

BUN ZAI!
盆栽（日文）

這片葉子看起來
像媽媽的親親。

螞蟻可以扛它們
體重 7 千倍的東西

如果你把葉子立起來，
它們看起來像小樹。

媽媽有綠手指
（green thumb），
擅長園藝。

四葉草

幫花
澆水！

A rose
is a rose
is a rose.

出自《神聖的艾米麗》
（Sacred Emily），葛楚·
史坦在1913年寫的詩。

我們是勤勞的小蜜蜂

GOOD
LUCK
好運

毛毛蟲喜歡
吃葉子。

爸爸跟奧托
一起做園藝。

推車
輪子

澆水壺

無菁

鏟子

金栽土

非洲菊

黑色的花
不常見。

forget
me not

花聞起來很香。

瓢蟲

貓一離開老鼠
就開始搗蛋。

Tulips from
Hamsterdam
來自阿姆斯特
鬱金香

Les
REVES

Our House

Berken-
laan
20

BASIC

在花園裡有 **很多鳥**

被關起來的鳥兒渴望自由。

尾巴　翅膀　喙　腿

黑鳥

粉紅知更鳥

鴿子

早起的鳥兒！

鳥屋

麻雀

寒鴉

山雀

海鷗 每天都很早起。

渡鴉

烏鴉

鳥巢

喜鵲 在西方象徵危險。

貓頭鷹

是夜行動物

鶺鴒

綠啄木

鳴禽 看起來不特別，但是它們很會唱歌。

貓頭鷹先生在早上睡覺前唸故事。

鳥兒會用樹枝跟羽毛做 **鳥巢。**

這簡直是如履薄殼！

雞、鵝和鴨也都是鳥。

小鳥從蛋殼裡面出來。

理髮店

請給我這個髮型。

我不會飛！

…9、10，誰還沒躲起來？

布穀！

頭上插羽毛通常是榮譽的象徵。

我能飛一小段。

布穀鳥鐘

小黃鵝

鵜鶘喜歡吃魚。

企鵝們也不會飛！

18

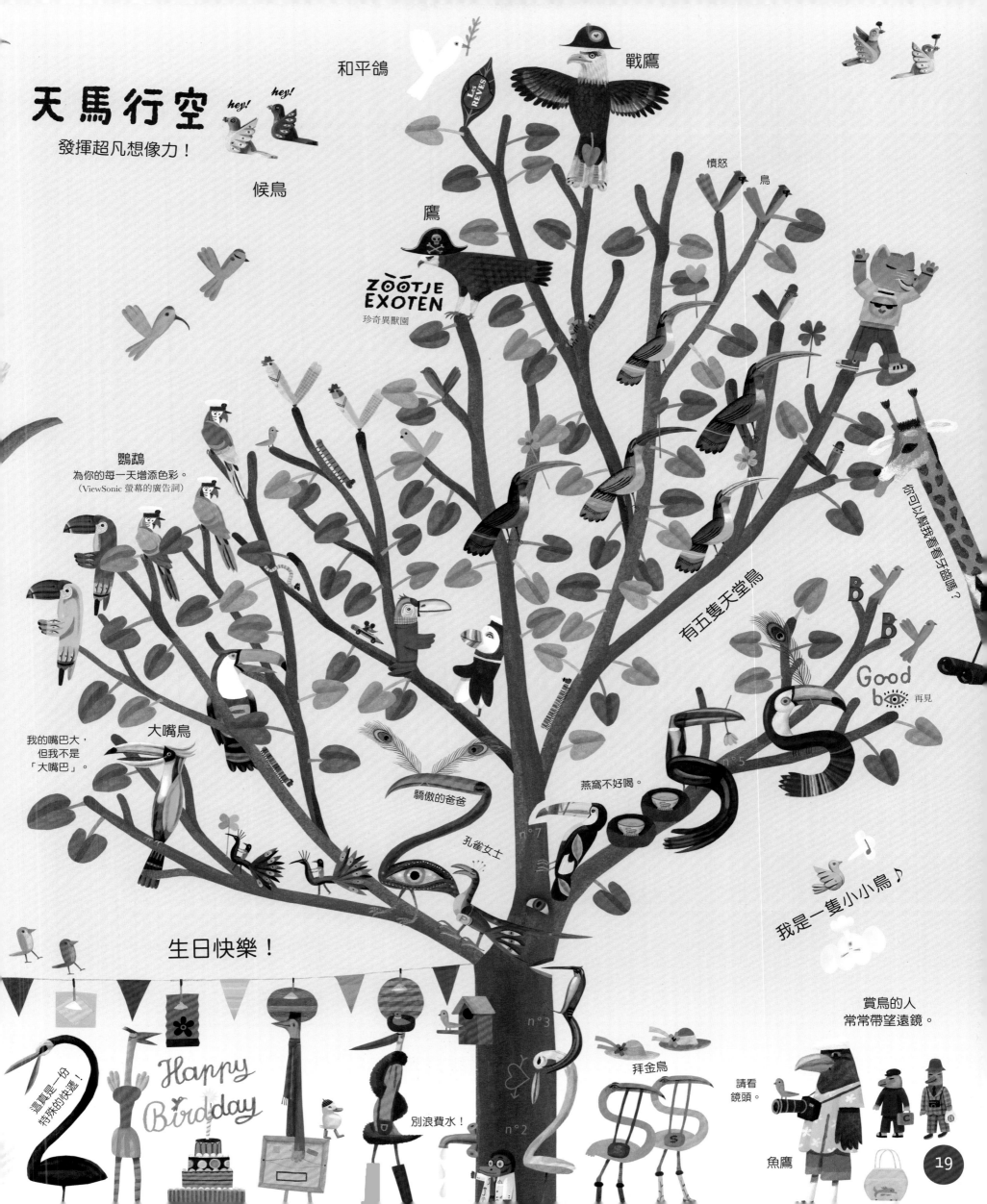

飛機起起落落。

水面上

燈塔

碼頭

燈船

那艘船不許走!

木船

港口遊覽船

橡皮艇

那是奧托的船。

鯨魚

船在港口裡
來來回回。

紙船

小島的形狀
像調色盤。

看,蒸汽船來了!

Steamboat Willy

NORWEGIAN WOOD

披頭四的歌曲《挪威的森林》

《汽船威利號》

單桅帆船

OTTO VON VISMARKT

右舷!

左舷!

今天補到什麼魚?

wok this way

划艇

充氣床不能當船。

兩個潛水員

黃色潛水艇

兩隻狗

這艘渡船來來回回。
看來大家都是成雙成對地旅遊。

兩個打電話的人

兩位藝術鑑賞家

兩個朋友

兩個相反的人

兩隻老鼠

用心打扮的小豬

兩頭牛

BACK & FORTH
來來回回

找找看誰在車子裡?

兩個街頭賽車手

遊輪

汽船

遊艇

貨輪

貨櫃船

夢之船

遊艇

中國
遠洋帆船

坐帆船鞋去旅行。

HAND
WASH

no irony ;-)

不可熨燙

S O S

BOTANIC

BIO-DIVERS-CITY

海上
絲路

單帆小艇

中式帆船

一帆風順！

口袋小船

永不沉沒的船？

包裹小船

船上的廚師來了。

今天吃淡菜。

西瓜小船

香蕉船

兩個
風帆衝浪者

排兩排！

Noah

所有動物排兩排⋯

I want 2 B in that n°

詹姆斯·克里夫蘭（James Cleveland）的歌曲
《I Want To Be In That Number》

隻腳！

兩個海盜

兩隻獅子

海獅？

這艘船
要去英國嗎？

兩隻海鷗

兩輛巴士

兩個球迷

兩個足球明星

兩隻小熊

兩隻熊

兩位男生

兩隻蝸牛

OTTO'S CARGO

奧托貨船

REPASSAGE

RADIO INFO

兩個愛講電話的人

兩個水果

還有一隻小豬

你有一封信！

熨燙（法語）

大蘋果

水果

FRUIT

UNION
MATCH

聯合遊行

Sir,
yes,
sir.

Sir

Sir

'Yes!'

23

夢想(法語)

水果
FRUIT

Les REVES

BiG apple

FRUIT

大蘋果

香蕉

草莓

鳳梨

覆盆子

BiG easy

西瓜

櫻桃

李子

葡萄

比較蘋果跟梨子
是沒有意義的。

蘋果

梨子

柳橙、葡萄柚、橘子和檸檬都是柑橘家族的一份子。

嘻

H P

master piece of Cake

waka

waka

糖

麵粉

蛋

看，
有蛋糕耶！

奶油

好用的
桿麵棍

蛋糕！

蛋糕刀鏟

聚會後的派對
afterparty

DINO 3

RHINO 2

GINO 1

我想吃蛋糕！

SCREAM
尖叫冰淇淋

Wij ❤ Fruit
我們 ❤ 水果 (荷蘭語)

冰冰涼涼的冰淇淋 🍒 （荷蘭語）

Koude Ysjes

WWW.IJS BOERKE

新鮮的
冰淇淋！

Ciao Bella
美女妳好
（義大利語）

牛角麵包？

我可以再要一個點心嗎？
你要哪一種？

alo

mega

小　　　大一點　　　超大

buenas
nuts
noces!

ola

可愛多

棒棒糖
LOLLY POP

ejo

MEGA
HT

熱銷口味

鬆餅　　　巧克力甜筒　　堅果冰棒　　　香草　　　草莓　　　　　　藍莓　　　熱帶水果

HOP

tutti Frutti

生日蛋糕

we all SCREAM
我們都為冰淇淋尖叫

你們有
鳳梨冰淇淋
嗎？

飛碟蛋糕

企鵝住在南極，北極熊住在北極。

寶拉和寶莉塔來自南極。

保羅
來自北極。

Paolo

冰淇淋蛋糕

米布丁

ola
Paola

T M

Coupe
de
Coeur

you

$

異性相吸

太多選擇可以選了！

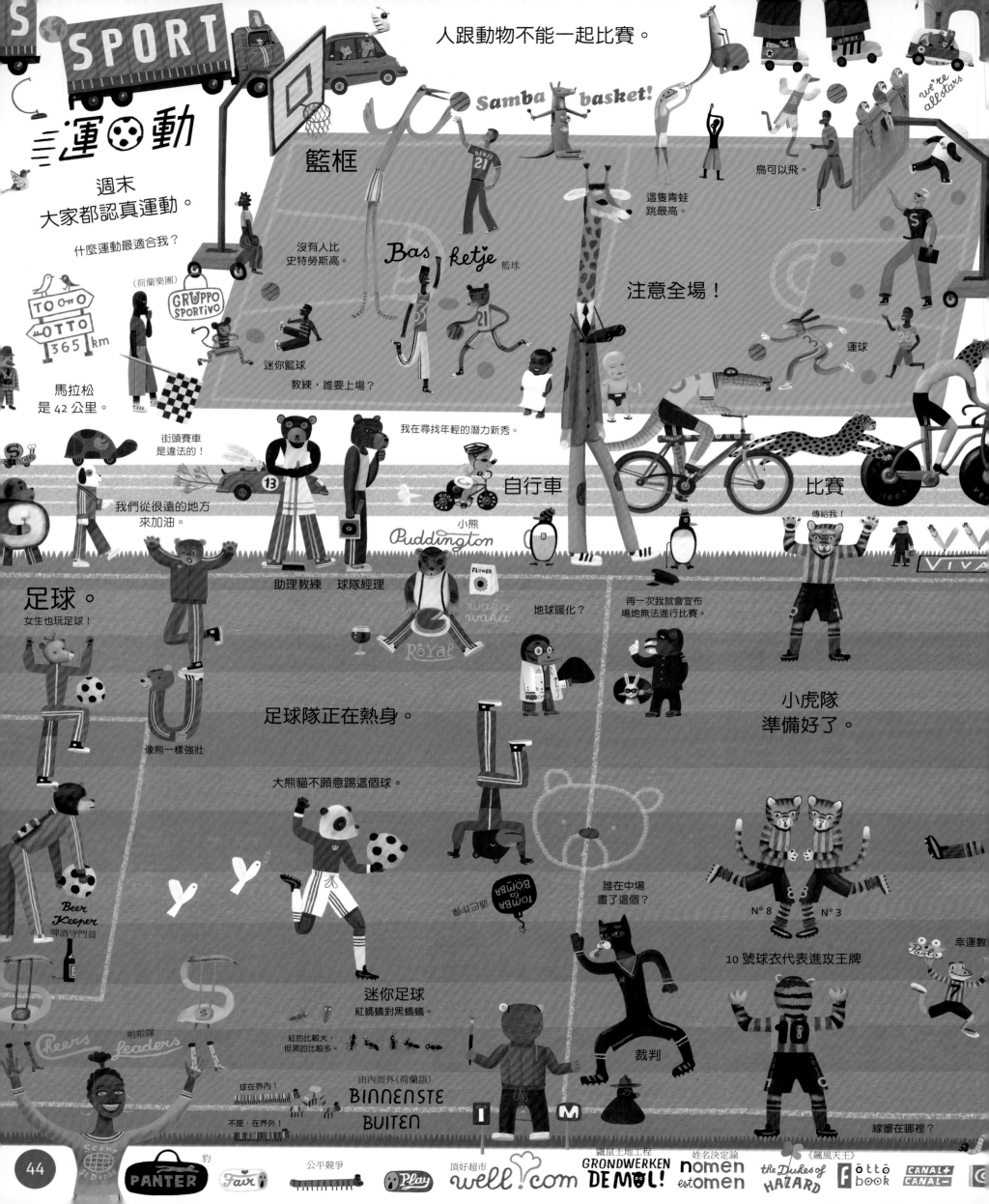

網球

丹尼斯
打了很多年
的網球。

THE UMPIRE
STRIKES BACK
裁判反擊

混合雙打

狩獵的
女士

我❤比利·簡·金

奧運項目！

我是不愛運動的
羚羊。

但你要為了
你的生命而跑！

雜技 體操 高手

快走也是有氧運動。

五人協力車

RAT RACE 永無休止的競爭

我在考慮打網球或高爾夫球。

西洋棋
是個腦力運動。

艾靈頓公爵 的歌曲

我可以去哪裡
滑雪？

這裡比較適合
游泳。

誰最會游泳？

我游的
是蛙式

蝶式類似於
海豚游泳的方式。

自由式速度最快

快速水道 WATERL'EAU

OLYMPOS
奧林匹克
運動會

ΟΛΥΜΠΟΣ

音樂家
也是
頂尖運動員。

奧托
穿上
黃衫！

祝你好運，奧托。

9 號是前鋒

VOETBAL VADER!
足球爸

THE METERS

足球是個派對！

不好意思，鬥牛真的不是
奧運項目。

射門手
GOAL GETTER

衝呀！

虎媽

這個球門
被詛咒了。

死忠球迷
什麼都不怕。

恐龍、犀牛和吉諾
是小組賽獲勝者。

adios amigos

再見，朋友們。
（西班牙語）

犀牛
喜歡頂球。

別為我哭泣！
（或為了吉諾）
Don't cry 4 me
or 4 Gino

RHINO
2
銀牌

GINO
1
金牌

DINO
3
銅牌

比賽結束會交換球衣，

表示友好與尊重。

這件衣服
要好好
洗一洗。

我們是蜜蜂隊。

雛菊

綠巨人
GREEN GIANT

攝影師

LIVE

Granny Smith
「史密斯奶奶」
青蘋果

老王賣蘋果，
自賣自誇。

花車

AIR JORDANS

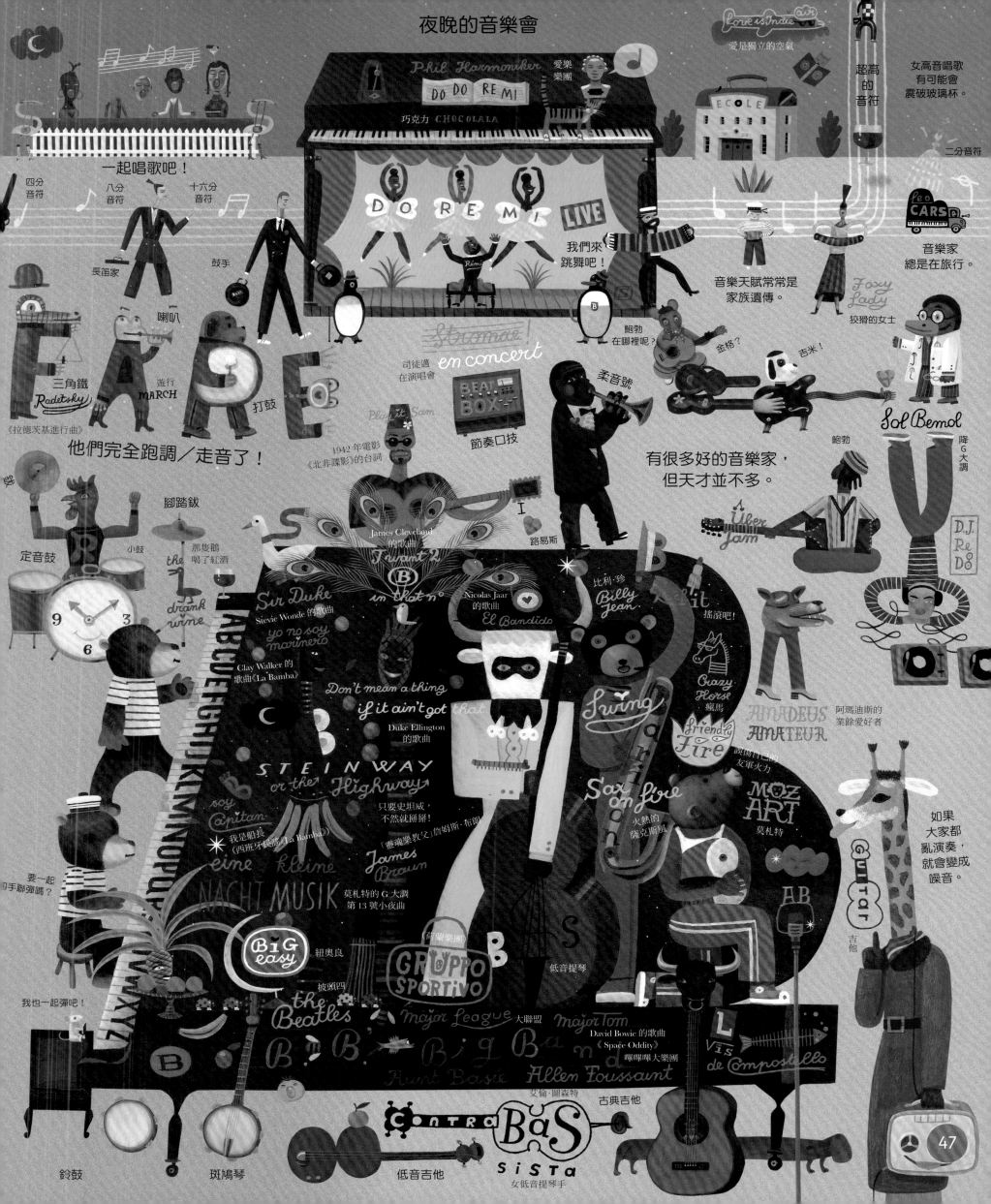

拜訪藝術家的工作室。

欣賞藝術

小小博物館

好多水果！

這是靜態畫

肖像畫

團體肖像畫

藝術家有
自戀特質。

以假亂真

自畫像

油漆工
Schilders
勃魯蓋爾家族
BreughelKinders
I ❤

請安靜。

老師傅

DOUBLE DUCK

雙頭鴨

裸體　模特兒

我只為自己
畫畫。

喔，我永遠
不敢那樣做。

昂貴的
鳥

我喜歡保持
垂直和整潔。

油畫的畫布在畫框上拉緊。

這是通往
世界之窗！

除此之外
還是
靈魂之鏡！

後面

前面

畫布

上下
顛倒的
世界！

真人模特兒

爸爸也畫畫！

啊哈，湯姆叔叔
在這裡。

範例

這裡還有一點空間
可以放我的畫架。

誰可以給
托羅牛
一張椅子？

請關好顏料桶。

giotto

藝術可以表達
語言無法表達的
東西。

EZEL
STUDY

誰要喝咖啡？

調色板

草圖

畫架

展示台

托羅牛是我們
今天的模特兒。

托羅牛的軀幹。

野獸派畫家

以斯拉正在畫一幅自畫像。

她愛所有的顏色，
但粉紅色是她的最愛。

紅湯
Red SOUP

FRESH PRINT

48

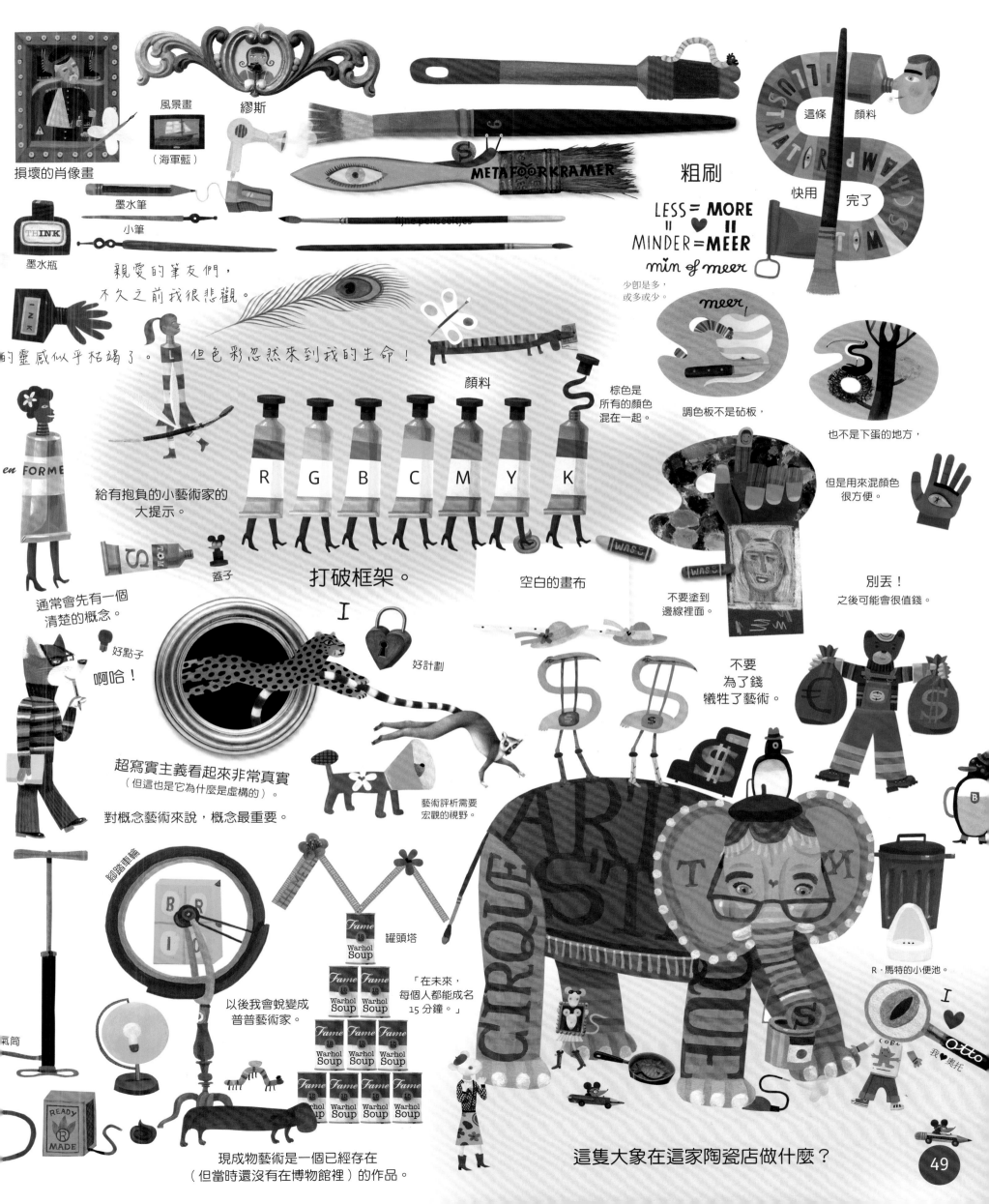

挑衣服不容易。 總覺得還有其他更好的選擇！

好多帽子！

牛仔帽

軍帽

海賊帽

注意
仿冒品！

解放軍軍帽

曬過陽光的衣服
特別清新。

墨西哥草帽

法国 kepi 帽

假髮

巴拿馬帽

金　銀　銅
三個皇冠

一堆待洗的
髒衣服。

蘇洛是西班牙語
狐狸的意思。

闊邊帽

頭巾

hup
hup

三
頂

三頂圓頂禮帽

P
棒球
帽

摩托車
安全帽

工地安全帽

漁夫帽

網球帽

木髓帽

越南斗笠

我在哪裡
看過你嗎？

看看我的
老鼠裝。

皮草大衣
退流行，

嘿，我不是
聖誕老人喔。

俄羅斯帽

恐龍
肯定需要
XXXL。

好看的裙子！

DINO

這是一個燈罩！

前面

後面

但是豹紋
又開始流行。

merry
Christ-
mas
Happy
NEW
year

聖誕節
與
新年快樂

媽媽
不太知道
要挑
什麼。

芭蕾舞衣

短夾克

好消息

人要衣裝。

長大衣

這個冬天會很冷。

超大的
工作
手套

好多手套！

隔熱烤箱手套
也很保暖。

冬天不要忘記
你的圍巾！

挑衣服 很好玩吧！

51

從 12 月 21 日

冬天來了！

到 3 月 20 日

有許多人期待著下雪。

不好意思，
請問湯姆叔叔
住在哪？

空氣中都洋溢著節慶的氣氛！

聖誕節

今年湯姆叔叔歡迎大家
來他的森林小屋一起過。

湯姆叔叔的
森林小屋
聖誕老人會爬煙囪進來？

和平鴿

雪人？

約翰

馴鹿

巴比狗咬著
一根超大的
樹枝。

它應該得到
超大的禮物。

聖誕節要
穿什麼呢？

爸爸，我可以
穿我的新靴子嗎？

STORING
雪花雜訊

擀麵
棍

外套

羊毛衣

不管天氣好壞，
聖誕老人
忙著送禮物。

毛帽

雪靴

泰迪嬸嬸烤了餅乾

你想要
什麼禮物呢？

誰在裝飾聖誕樹？

包裹

Friendly Fire
生火

溜冰鞋
不好走路。

砍

柴

滅火

火柴？

番仔火？

別把我的角
當衣架。

這些禮物裡面是什麼呢？

睡前酒？

麋鹿今天有點懶惰。

輕鬆一下。

麋鹿也打扮好
準好上路了。

一瓶？

好夢。

ROYal

No Balls
沒有聖誕球

No Xmas
沒有聖誕節

一本書？

一雙鞋子？

遊戲？

一本小說？

Love   Love   Love

TENEN-
BAUM

電影《天才一族》

不用搶，
大家都有得吃。

還有禮物！

然後我們一起
為新年的健康乾杯。

'Tchin!'
乾杯！(法語)

'Santé!'
為健康乾杯！(法語)

'Skoll!'
乾杯！
(冰島語)

'Prosit!'
乾杯！
(拉脫維亞語)

新年賀卡

唭吼！

吼吼吼！

'Nazdrovie!'
乾杯！(俄語)

我

很多禮物！

'Ren je rot,
Rudolf!'
《Run Rudolph Run》，
查克·貝里的歌曲。

Santa Mobile
聖誕老人號

奧托也加入了送貨的行列！

我們的聖誕大餐
要吃什麼呢？

火雞？

可以夾麵包
一起吃。

煎蛋。

盛裝打扮的
媽媽

火爐

魚？

食譜書

櫻桃？

蘋果？

我們要被
煮來吃了？

南瓜？

Fame
Warhol
Soup
康寶
湯罐頭

Sella
Soep

茶壺
保溫罩

烤箱

今年我的禮物
是什麼呢？

我們要喝
什麼飲料呢？

小孩
不能
喝啤酒！

湯姆叔叔居然在
自己的派對遲到！

一起來
twerk 吧！

OXO

紅酒

Cold

果汁

SORRY!

我們被暴風雪困住了。

雪地靴

moon

BOOTY

奧托在哪裡呢？

55

世界可以很小。

世界可以很大。

而宇宙浩瀚無垠。

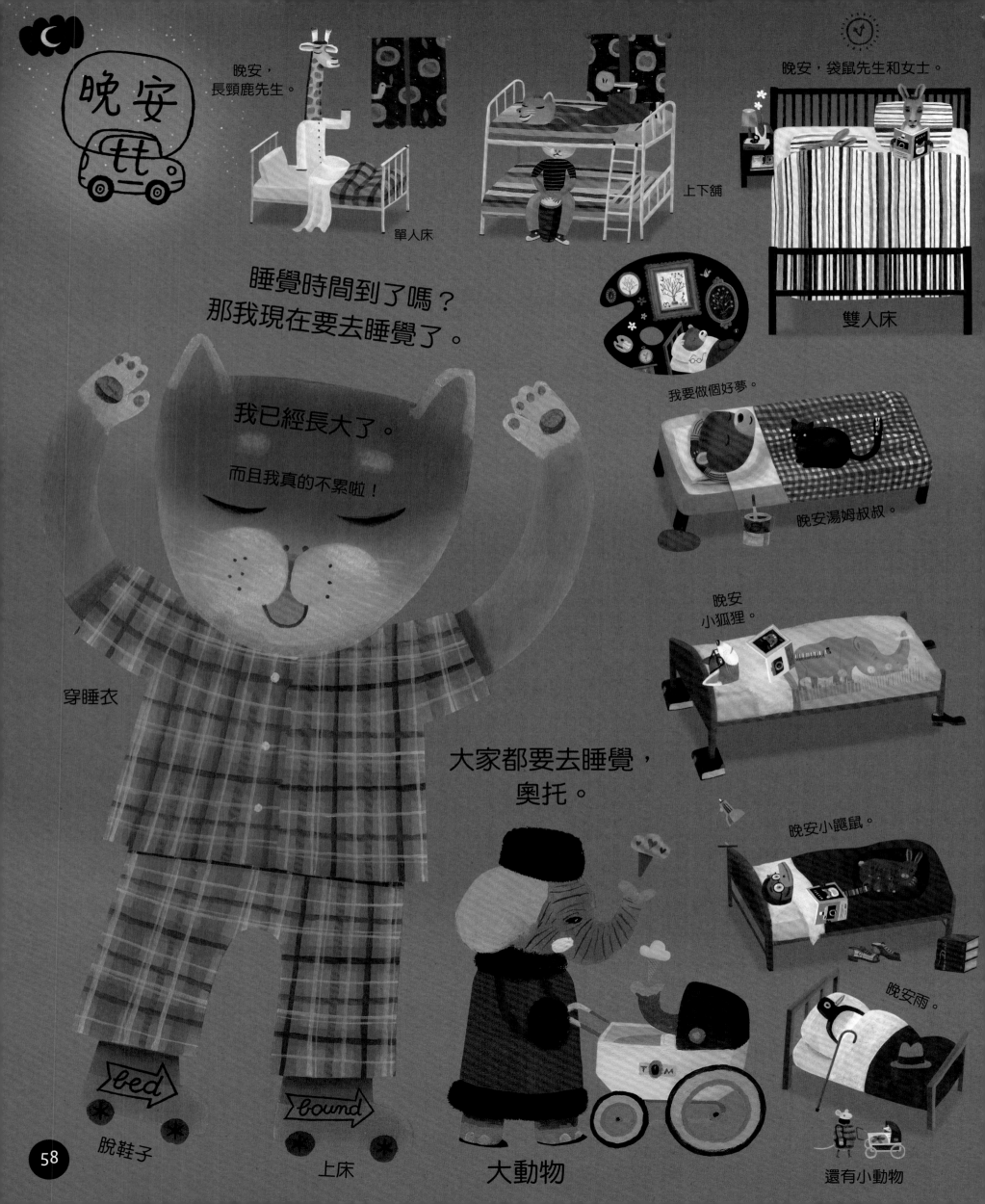

晚安

晚安，長頸鹿先生。

單人床

上下舖

晚安，袋鼠先生和女士。

雙人床

睡覺時間到了嗎？
那我現在要去睡覺了。

我要做個好夢。

我已經長大了。

而且我真的不累啦！

晚安湯姆叔叔。

晚安
小狐狸。

穿睡衣

大家都要去睡覺，
奧托。

晚安小鼴鼠。

bed

bound

晚安雨。

脫鞋子

上床

大動物

還有小動物

大象的記憶力

每隻大象都是獨一無二的！

大象也喜歡藝術。

小象撲滿。

積少成多變富翁。

象奶奶 是最老、最有智慧而且最大的大象。

I ♥ 媽媽

紐奧良有個暱稱是「The Big Easy」。

聖誕老人帶了一個實用的禮物。

象媽媽 從俄羅斯北方來的大象。

after party 聚會後的派對

誰等一下可以吸地板？

象爸爸 家庭主夫也擅長做家事。

我在夜晚思考。

誰的記憶力最好？

大象的記憶力（荷蘭語）

再見（義大利語）

百萬位元組

千位元組

奇洛 是貪玩的小象。

梅蓋 這頭象喜歡做夢跟幻想。

大象擁有過目不忘的記憶力。

大象是群居動物。

祖父母

有傳說大象怕老鼠？

小小象

不要鬧脾氣！

大象拍打耳朵可以搧風散熱。

你認得這些國家嗎？